速算范例

下列所用方法，解题仅需数秒钟，比传统算法快10~20倍。能替代珠算和计算器，实现快速心算。

一、 加减速算解题方法

在多位数加减运算中，我们可以从高位到低位先把它们的同位数相加减。然后，再把结果从高位到低位依次累加，来获取最终答案。

本算法数目越大越多，越能显示出它的优越性。

下面用色别区分不同位置的各位数字，是为了方便读者更直观地理解本计算方法。

① 522+312+153

解：

$$522 + 312 + 153$$

$$=900 + 80 + 7$$

(5+3+1)×100=9×100　　(2+1+5)×10=8×10　　(2+2+3)=7

$$=987$$

速算范例

②7897-3651-1234+5476+1524-1323

解：

7897-3651-1234+5476+1524-1323

=8000 + 600 + 80 + 9

（7-3-1+5+1-1）×1000=8×1000　（8-6-2+4+5-3）×100=6×100　（9-5-3+7+2-2）×10=8×10　（7-1-4+6+4-3）= 9

= 8689

注：“×1000”或“×100”取决于所加数字的所在位置，如：百位的即“×100”。

二、 乘法速算解题方法

两个多位数相乘，可将乘式中的一个因数按位（或按需）拆分，然后，再从高位到低位与另一因数相乘，最后再把各位所得之积相加，获得结果。

③306×203

解：

306×203

=306×(200+3)

=61200+918=62118

速算范例

④990×32

解：

$$\underline{990}\times 32$$
$$=(\underline{1000-10})\times 32$$
$$=32000-320$$
$$=31680$$

个位数是 5 的二位数的乘方等于十位上的数字乘以比它大 1 的数乘以 100，再加 25。

⑤$85^2$

解：

$$85^2$$
$$=8\times\underset{(8+1)}{\underline{9}}\times 100+25$$
$$=7200+25$$
$$=7225$$

速算范例

三、 除法速数解题方法

在除法中，可以把被除数根据需要进行拆分后，分级相除，然后再把各级商相加，获取结果。

⑥ $1950 \div 25$

解：$\underline{1950} \div 25$

$= (\underline{2000-50}) \div 25$

$= 80-2 = 78$

四、 求平方根速算方法

速算公式：$X=\sqrt{m} \approx a+b = a+(m-a^2)/(2a)$

X—平方根；m—被开方数；a—平方根整数部分；b—平方根小数部分。

⑦ $\sqrt{910}$

解：$\sqrt{910}$

$= \underline{30} + \underline{(910-30^2)/(2\times 30)}$

方根整数部分估值　　　　方根小数部分

$=30+1/6$

≈ 30.167

简明实用速算法 第2版

端木宁◎著

高位分段累加算术

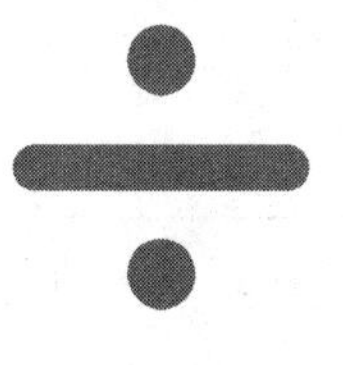

化学工业出版社
·北京·

图书在版编目（CIP）数据

简明实用速算法：高位分段累加算术 / 端木宁著 . 2 版 . -- 北京：化学工业出版社，2024.7. --ISBN 978-7-122-45905-3

Ⅰ. O121.4

中国国家版本馆 CIP 数据核字第 20247YJ815 号

责任编辑：廉　静　　　　装帧设计：王晓宇

责任校对：李雨函

出版发行：化学工业出版社（北京市东城区青年湖南街 13 号　邮政编码 100011）

印　　装：大厂聚鑫印刷有限责任公司

710mm×1000mm　1/16　印张 6½　彩插 2　字数 54 千字　2024 年 9 月北京第 2 版第 1 次印刷

购书咨询：010-64518888　　　　售后服务：010-64518899

网　　址：http: // www.cip.com.cn

凡购买本书，如有缺损质量问题，本社销售中心负责调换。

定　　价：29.80 元

内容简介

本书以高位分段累加计算的方法，全面系统地介绍了实数加、减、乘、除、乘方、开方运算在普遍情况下的简化计算法则，实现了数的运算在通常情况下即能顺利通过心算速算来完成的目的。全书共分九章：第一章至第八章介绍了高位分段累加算术的思想方法，及其在实数加、减、乘、除、乘方、开方运算中的一般心算速算应用；第九章介绍了特殊条件下的心算速算方法，并运用高位分段累加算术解读了古印度吠陀数学乘法五式和除数是九的除法速算方法。第二版增加了直写答案式简化计算方法，更有利于大众应用。介绍方式由浅入深、通俗易懂。并详细讲解了方法的论证过程，有益于读者理解和掌握应用，利于普及。掌握了本算法不仅能迅速提高学生的心算能力和计算速度，更有利于提高学生的逻辑思维能力、激发学生的学习兴趣。本方法若能广泛应用于中小学教学中，即能明显提高学生的解题速度和学习效果；若能广泛应用于财会、商业、科研活动中，更能提高人们的工作效率和社会效益。

本书可作为中小学校、财会、商贸及师范院校的教辅参考用书，也适用于青少年及从事财会、商业、科研等活动的成人自学。为了方便我国小学各年级读者学习，在2018年美国版《高位分段累加算术》(HIGH ORDER PIECEWISE ARITHMETICS) 的基础上增设了减法运算中的退位速算法和“附录三：速算基础习题（小学一至六年级分阶段基础练习题）”供小学读者速算训练用。

引　言

我们先来看一个简单的算式：9374−7456+5586−2141−302 能否不动手就能看出答案？

随着人类社会的发展，人们对数学的要求也越来越高。尽管数学很抽象，大多数人都不喜欢这门学科，但从原始社会的简单数数统计发展到今天，数学已经成为一门重要的基础学科，并形成了各领域的许多专门的数学分支。众所周知，不论是何种领域的数学分支，都是用来服务于生产实践和科学研究的，最终大多都会通过数的基本运算（加、减、乘、除、乘方、开方等）来获取我们所需要的结论性数据。当今社会，虽然我们已经拥有了电子计算机这一计算的辅助工具，但许多场合还是没有心算来得方便实用，特别是当我们掌握了快速心算这一方法以后，这种优越性就更是显而易见了，有时加、减、乘、除运算运用心算比用计算机还要来得快捷，通常只要不是十分繁复的运算就是这样的。而事实上一般情况下（特别是日常应用）运算大多不会太复杂，如果大家都能运用心算来完成计算问题的话，则将大大提高我们的工作效率和社会效益。因此，长久以来，人们一直在寻求着一种能被大众所接受的一般的更为普遍适用的简单速算通用方法，以求解决快速心算的问题。

据此目的，本书用相对比较容易理解和掌握的高位分段累加计算方法，完整构建了一套适合大众日常应用的实数加、减、乘、除、乘方、开方运算的心算速算简化计算模式。本模式的确立，实现了数的运算在普遍情况下即能顺利通过心算速算来完成的目的。全书共分九章：第一章至第八章系统介绍了高位分段累加算术的思想方法，及其在实数加、减、乘、除、乘方、开方运算中的一般心算速算简化计算应用；第九章介绍了特定条件下的速算方法，并运用高位分段累加算法论证解读了古印度吠陀数学乘法五式和除数是九的除法速算方法。

本算法的关键部分是加减运算，特别是加法心算是乘、除、乘方、开方心算的基础，只要掌握了加法心算，其他运算只需掌握相应的分解方法即能实现心算。所以，乘、除、乘方、开方的心算能力取决于加法的心算能力。读者在学习过程中一定要在加法心算上多下功夫。本书第九章特殊条件下的速算方法，适用于特定条件下的心算速算。虽然在实际运算工作中可能遇到的概率并不大，但也起到很好的补充辅助作用。本书的主旨是介绍心算速算的一般通用法则——高位分段累加算术。其意义在于：用来提高绝大多数人在通常情况下的基本运算速度，以最终达到提高人们的工作学习效率和社会效益之目的。

本书的介绍方式由浅入深、循序渐进，可作为中小学校、财会、商贸及师范院校的教辅参考用书，也适于青少年及从事财会、商业、科研等活动的成人自学。书中列举了大量的例题，且做了说明，有利于读者自学。读者看了例题后可以自己再心算一下,有利于加深理解。并建议读者在本算法学习过程中，尽可能使用心算，切勿使用竖式，遇到复杂的也最多略做一下笔录。养成习惯以后即能迅速提高心算速算之能力。为方便我国小学读者学习，特增加了减法运算中的退位速算法和“附录三：速算基础习题（小学一至六年级分阶段速算基础练习题）”供小学各年级读者速算训练用。

端木宁

2024 年 3 月于江苏 · 常熟

目　录

第一章　基本原理

众所周知，数学知识是人们在长期的生产生活实践中逐步积累起来的。从原始社会开始，由于人类社会生产力由小到大的发展规律，人类记数算数的数值也因此由小到大的逐步扩展。直至约公元前 16 世纪（中国的夏、商时期），当人类采用十进位值制进行计数算数以后，更是自然而然地形成了满十进位从小到大的计算方式，代代相传，至今已经形成了人们的思维定式。但我们发现这种从小至大，也即从低位向高位运算的方式和读数方向是相反的。人们在运算过程中如果不用笔心算的话，往往当运算至高位时，低位上的计算结果也就已经忘记了。例如：75241+12345 当你由低位向高位运算，心算至万位上 80000 时，个位多少、十位多少，往往已经不记得了。这样就严重影响了答案的顺利读出，更是阻碍了心算行为的自然形成。为此，我们不妨改革一下，从高位到低位将它们的同级数字归类运算并累加，结果又是怎样呢？显然，很容易心算得

万位上的整数值是 70000+10000=80000，千位上是 7000，百位上是 500，十位上是 80，个位上是 6；一目了然，答案即是：87586（从高位至低位依次累加，读者可以试着加一下）。也即是：在这算式中总数含有 8 个万、7 个千、5 个百、8 个十、6 个一，从万位至个位依次累加起来答案即是 87586，并能顺口读出结果（从心理学角度讲：这一点在心算中至关重要，它顺应了人们的思维、行为惯性。为预测心算行为打开了方便之门）。而且，按此方法，当算式中数据越多越大时，越能显示出这种计算方法的优越性。

高位分段累加算术的基本含义：

① 高位：是指从高位到低位的运算顺序；

② 分段：是指把参与运算的多位数按位或按需要进行拆分归类重组（重新组合）；

③ 累加：是指把分段重组后的各数进行加、减、乘、除、乘方、开方运算并累加出最终答案。

高位分段累加算术，就是指上述这三种方式的综合计算方法。

高位分段累加算术的基本思想：是将多位数运算转化为归类重组后的多位数中各位节点上的整数值个数计算；并使运算顺序从传统的由低位向高位运算，转变为从高位向低位分级运算，使运算顺序与读数顺序相一致。从而，从根本上简化运算过程，以方便运算过程的心算化。

高位分段累加算术的思想方法，改变了传统的运算方式。使运算顺序与读数顺序保持一致，消除了传统运算过程中由于运算顺序与人们习惯的读数顺序相反而造成的思维障碍；同时，通过按位分段重组累加运算的方法又从根本上简化了运算过程。二者的有机结合，强化了运算过程的逻辑性和趣味性，使得整个运算过程简明快捷，最终有利于心算行为的自然形成。并且这一方法又能适用于实数加、减、乘、除、乘方、开方中所有数据的运算（不受条件限制），可应用于日常工作学习中，成为日常常规普通运算，易于普及。

本算法遵循实数的基本性质和运算定律。

习题

一、简述高位分段累加算法的思想方法。

二、按要求写数字。

① 7534 里面有（　　）个千，（　　）个百，（　　）个十和（　　）个一。

② 5732 里面有（　　）个千，（　　）个百，（　　）个十和（　　）个一。

③ 千位上是 8、百位上是 3、十位上是 5、个位上是 2，这个数是（　　）。

④ 千位上是 6、百位上是 7、十位上是 4、个位上是 9，

这个数是（　　）。

三、读出下列各式答案。

① 60+8=

② 700+30=

③ 100+20+5=

④ 2000+500+60+18=

⑤ 8000+700+150+6=

⑥ 6000+1200+50+2=

第二章　加法运算

我们知道一个数，如：586 可以把它表示为 500+80+6 的形式，再如:311 也可以把它表示为 300+10+1 的形式。由此可见，我们可以把任何一个三位数，按“位”拆分成若干个百、十、个和的形式。同理，我们也可把一个任意位数的数按位拆分成相应之和的形式。那么，两个数的相加就可以归类重组表示为它们各个相同位数值和的形式。如：

586+311=（500+80+6）+（300+10+1）

=（500+300）+（80+10）+（6+1）

=800+90+7

=897

由此，我们发现两个数相加，我们可以从高位到低位依次先把它们相应位数值相加之后，再把各位数值相加之和依次累加，得出两个数相加的结果。也即：在加法运算中，我们也可以从高位到低位依次先求出参与运算的加数中（两个或两个以上加数）有多少个万、千、百、十、个、十分位数、百分位数等个数，再把它们依次累加，获得结果。由此可知：

两个（或两个以上）多位数相加，我们可以从高位到低位先把它们的同位数相加（以求取算式中有多少个万、千、百、十、个、十分位数、百分位数等），然后，再把它们的和从高位到低位依次累加，获取结果。

这样做的目的是把多位数运算转化为了多位数中各位节点上的位数值计算，且不论加式中加数的位数多少或有多少个加数，都可以一次性地从高位至低位心算出结果中的各位节点数值（即结果中所含有的万、千、百、十、个、十分位数、百分位数等总个数）。既简化了运算，又可使运算顺序与读数顺序相一致。使运算过程更便于记忆和心算。掌握了这一方法后，就很容易实现心算，即使是记性不好的，只要略作一下笔录，也能轻松地进行快速计算。

在高位分段累加算法的运算过程中，虽然参与运算的只是各位节点上的个数数目。但我们必须明白各位节点数值都有其相应的单位含意。写成算式或心算时必须记上相应的单位，一是为了使运算过程不失逻辑性和严谨性；二是为了能够有效避免心算过程中的错位，防止错误；三是为了有利于准确地读出数据；最终将有利于心算的准确性和心算的自然形成。

本运算法则遵循有理数的加法交换律 $a+b=b+a$ 和加法结合

律（$a+b$）$+c=a+$（$b+c$）。且 $a+0=0+a=a$。

课堂演示例题：

① 36+51

解：

观察这题：式中有两个加数，十位数分别为 30 和 50、个位数分别为 6 和 1。则按照高位分段累加算术方法，我们可以从高位到低位这样来快速计算：

十位数相加：30+50=80

个位数相加：6+1=7

从高位到低位累加得：80+7=87 即为本题结果

也可列成算式：

36+51

$=\underline{30+6}+\underline{50+1}$（注：当熟悉以后这一步可省略，直接把各加数中相同位数上的数值相加即可）

$=\underline{30+50}+\underline{6+1}$

=80+7

=87

② 623+305+12+41

解：

本题式中有四个加数，且最高位数为百位，我们同样可得：

百位数相加：600+300=900

十位数相加：20+10+40=70

个位数相加：3+5+2+1=11

从高位到低位累加得：900+70+11=981

算式：

623+305+12+41

=900+70+11（心算步骤：百位上相加得900，十位上相加得70，累加得970，个位上相加得11，累加得981）

=981

③ 158+320+210+304+261+103

解：

本题同理可得：

百位数相加：100+300+200+300+200+100=1200

十位数相加：50+20+10+60=140

个位数相加：8+0+0+4+1+3=16

从高位到低位累加得：1200+140+16=1356

算式：

158+320+210+304+261+103

=1200+140+16（心算步骤：百位上为1200，十位上相加得140，累加得1340，个位上相加得16，累加得1356）

=1340+16

=1356

④ 3753+3008+1030.3+103.4+4005

解：

本题同理可得：

千位数相加：3000+3000+1000+4000=11000

百位数相加：700+100=800

十位数相加：50+30=80

个位数相加：3+8+3+5=19

十分位数相加：0.3+0.4=0.7

从高位到低位累加得：11000+800+80+19+0.7=11899.7

算式：

3753+3008+1030.3+103.4+4005

=11000+800+80+19+0.7（心算步骤：千位上相加得 11000，百位上相加为 800，累加为 11800，十位上相加得 80，累加得 11880，个位上相加得 19，累加得 11899，十分位上相加为 0.7，累加得 11899.7）

=11899.7

加法直写答案式简化计算方法：

在我们掌握了高位分段累加算术的基本原理之后，还可采用直写答案式进行计算。

例：① 5612+1027+1220

解：5612+1027+1220=7000+800+50+9

省去这一步

=7859（千位数字相加得 7，直接写在等号的后面，接着依次写上百位数字之和 8、十位数字之和 5、个位数字之和 9，7859 即为答案。）

例：② 5315+1232+2021+1315

解：5315+1232+2021+1315=9883

方法：在草稿上，依次写上从高位至低位的相同位置数字之和，满十进位，依次把进位数字写在前面对应位数的下面。最后整理时，把它加入相应位置即可。本题：个位数字之和是 13，我们把 13 中的个位数字 3 写在十位数 7 的后面，把 13 中的十位数字 1，写在十位数 7 的下面，然后，在整理时把十位数 7 与下面的 1 相加得 8，结果即 9883。熟悉之后，也可在计算前先心算目测一下各位数字相加情况，有进位的相加时加入相应位数，然后，可不用草稿直写答案。

草案：　9873　整理后得：9883 即为结果
　　　　　 1

习题

一、按要求写数字。

① 2503 里面有(　　)个千,(　　)个百和(　　)个一。

② 3600 里面有（　　）个千和（　　）个百。

③ 3000 里面有（　　）个千。

④ 9531 里面有（　　）个千,（　　）个百,（　　）个十和（　　）个一。

⑤ 6 个千和 8 个一组成（　　）。

⑥ 7 个千和 3 个百组成（　　）。

⑦ 4 个千、3 个百和 8 个十组成（　　）。

⑧ 千位上是 5、百位上是 4、十位上是 2、个位上是 3，这个数是（　　）。

⑨ 5 千克 +200 克 =（　　）克。

⑩ 200 克 +300 克 =（　　）克。

⑪ 1 千克 +21 千克 =（　　）克。

⑫ 2 千克 +1500 克 =（　　）克。

二、心算并读出下列各式答案（要求从高位向低位运算。下同）。

20+8　　56+12　　38+21

63+22　　72+18　　67+52

100+20　　500+71　　234+352

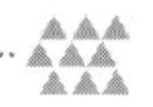

531+219	763+147	1206+300
6310+521	690+378	827+301
1345+278	2654+161	1475+2721

3658+8836	73210+13025
23451.5+33105.3	2543.3+3219.2
1135.8+2120.2	1056.8+231.3
1200+30+5	510+130+6
600+240+15	600+70+12.7
700+220+125.2	1500+1150.1+1207.9
573+475+123	5679+1320+2107
234+127+212+17	1200+510+31+26
2000+400+50+16	3000+500+230+8
6000+1200+70+15	2050+6070+21+25
7000+3000+1200+40	5647+4532+6601+3451
6754+3421+678+102+34	12450+24312+23451+15
54623+21423+20014+4+31001	

第三章　减法运算

在算式 78–35=43 中：78 称被减数，35 称减数，结果 43 称差。在减法运算中，我们可以把被减数和减数都按位拆分归类重组，然后，从高位到低位，依次用被减数减去减数，得各位节点上的差值，当被减数小于减数时，可采用退一还十的方法计算（本章算例解法一）；如果读者已经掌握了有理数的运算概念，则用有理数运算法则计算（本章算例解法二）；最后，再把各位节点的差数累加即可。也即：

两个（或两个以上）多位数相减，可以从高位到低位先把它们的同位数相减，再把差值依次累加，获取结果。

例：在 86–34 算式中，被减数和减数的十位数分别为 80 和 30，个位数分别为 6 和 4，同位数分别相减为：80–30=50，6–4=2，累加得结果：50+2=52。

学过有理数运算的读者可列算式：86–34=（80+6）–（30+4）=80+6–30–4=（80–30）+（6–4）=50+2=52。

注意：当括号前面是“+”号时，去括号后括号内各数的符号不变；当括号前面是“-”号时，去括号后要把括号内的各个数变号，即：“+”的变“-”，“-”的变“+”。并遵循有理数加法交换律 $a+b=b+a$ 和加法结合律 $(a+b)+c=a+(b+c)$。且 $a-0=a$；$0-a=-a$。

课堂演示例题：

① 98-56

解法一（适合还未掌握有理数运算法则的小学读者用。下同）：

从高位到低位：

十位数相减：90-50=40

个位数相减：8-6=2

从高位到低位累加得：40+2=42 即为结果

算式：

98-56

=90-50+8-6

=40+2=42

解法二（掌握有理数运算法则的初中以上读者可直接用此方法。下同）：

98-56

=（90+8）-（50+6）

=90+8-50-6

=（90−50）+（8−6）

=40+2（心算步骤：十位上相减得 40，个位上相减得 2，两者之和得 42）

=42

② 85−27

解法一：

观察本题，由于被减数的个位数（5）小于减数的个位数（7），所以，应当在运算中从被减数的十位上取出 $\boxed{10}$（退一还十），加在个位上，再进行运算。即：

十位数相减：80−20−$\boxed{10}$−=50

个位数相减：$\boxed{10}$+5−7=8

从高位到低位累加得：50+8=58

算式：

85−27

=80−20−$\boxed{10}$+$\boxed{10}$+5−7

=50+8

=58

解法二：

85−27

=（80−20）+（5−7）

=60+（−2）（心算步骤：十位上相减得 60，个位上相减得 −2，两者之和得 58）

=60-2

=58

③ 728-562

解法一：

观察本题，由于被减数的十位数小于减数的十位数，所以，应当在运算中从被减数的百位上取出100，加在十位上，再进行运算。即：

百位数相减：700-500-100=100

十位数相减：100+20-60=60

个位数相减：8-2=6

从高位到低位累加得：100+60+6=166

算式：

728-562

=700-500-100+100+20-60+8-2

=100+60+6

=166

解法二：

728-562

=（700-500）+（20-60）+（8-2）

=200-40+6（心算步骤：百位上相减得200，十位上相减得-40，累加得160，个位上相减得6，累加得166）

=160+6

=166

④ 89.9–45–36.6

解法一：

观察本题，由于被减数的个位数小于减数的个位数，同理，应当在运算中从被减数的十位上取出$\boxed{10}$，加在个位上，再进行运算。即：

十位数相减：80–40–30–$\boxed{10}$=0

个位数相减：$\boxed{10}$+9–5–6=8

十分位数相减：0.9–0–0.6=0.3

从高位到低位累加得：0+8+0.3=8.3

算式：

89.9–45–36.6

=$\underline{80-40-30-\boxed{10}}+\underline{\boxed{10}+9-5-6}+\underline{0.9-0-0.6}$

=8+0.3

=8.3

解法二：

89.9–45–36.6

=（80–40–30）+（9–5–6）+（0.9–0.6）

=10+（–2）+0.3（心算步骤：十位上相减得10，个位上相减得 –2，累加得8，十分位上相减

得 0.3，累加得 8.3）

=10−2+0.3

=8+0.3

=8.3

⑤ 7898−3672−2350−564

解法一：

观察本题，由于被减数的百位数和十位数小于减数的百位数和十位数，所以，应当分别从被减数的千位和百位上取出1000和100，加在百位和十位上，再进行运算。即：

千位数相减：7000−3000−2000−1000=1000

百位数相减：1000+800−600−300−500−100=300

十位数相减：100+90−70−50−60=10

个位数相减：8−2−0−4=2

从高位到低位累加得：1000+300+10+2=1312

算式：

7898−3672−2350−564

=7000−3000−2000−1000+1000+800−600−300−500−100+100+90−70−50−60+8−2−0−4

=1000+300+10+2

=1312

解法二：

7898−3672−2350−564

=（7−3−2）×1000+（8−6−3−5）×100+（9−7−5−6）×10+（8−2−0−4）

=2000−600−90+2（心算步骤：千位上相减得 2000，百位上相减得 −600，累加得 1400，十位上相减得 −90，累加得 1310，个位上相减得 2，累加得 1312）

=1400−90+2

=1310+2

=1312

当减式中被减数为整百、整千、整万时，可先将被减数退位化成含 9 的多位数与 1 的和的形式，再与各减数相减。

例 1：10000−568

解：

10000−568

=（9999+1）−568

=9000+（900−500）+（90−60）+（9+1−8）

=9430+2（心算步骤：由 10000 知退位后，千位上余 9000，百位上相减得 400，累加得 9400，十位上相减得 30，累加得 9430，个位上相减得 2，累加得 9432）

=9432

例 2：70000−1265−1032

解：

70000–1265–1032

=（69999+1）–1265–1032

=60000+（9000–1000–1000）+（900–200）+（90–60–30）+（9+1–5–2）

=60000+7000+700+3

=67700+3（心算步骤：由70000知退位后，万位上余60000，千位上相减得7000，累加得67000，百位上相减得700，累加得67700，十位上相减得0，累加仍为67700，个位上相减得3，累加得67703，熟悉以后，我们用眼一看就能读出答案）

=67703

减法直写答案式简化计算方法：

在我们掌握了本减法速算的基本方法以后，也可采用直写答案的方式来解题。

例：① 9867-3421-1020-313

解：9867-3421-1020-313=5113

解法：从高位至低位算得：千位数字之差5、百位数字之差1、十位数字之差1、个位数字之差3，并将它们直接依次写在等号的后面，即为答案。初学时可先在草稿纸上做一下记录，然后再写进正题。

例：② 9866–5470–3253–120

解：9866–5470–3253–120

=1023

草案	1123 –1	整理后得：1023 即为结果

注：本题十位上的被减数小于减数，所以需要从前一位（百位）借一个单位到十位上，十位上的 6 就变成 16，然后再进行运算，同时在百位的下面要标上 –1，在最后整理时，百位数字减去 1 即可。熟悉了之后，只要在解题前先目测一下题中各位数字情况，也可直接在题目中写上答案。

采用本直写答案式的前提条件是：结果是非负数。如果结果是负数，则需要在算式外加括号，且括号前加“–”号，括号里的各项变号后再对括号里的算式进行计算。由于，在小学阶段，还没有学习负数的运算，所涉及的计算都是非负数，所以，小学同学不必考虑这一条件。到了中学阶段，就必须要在运算前先判断结果的正负问题。

例：532–726

解：观察本例，结果是负数。所以：

532–726=–（–532+726）=–（726–532）=–（194）=–194

草案	294 –1	整理后得：194 即为括号里的结果

习题

心算下列各式。

57−6　21−7　67−8　56−32

78−42　67−28　53−36　687−457

752−261　721−547　6578−2635

10000−3567　50000−3526

489−243−123−56.9

7598−5643−2453−1234

57688−34567−4253−34−0.54

第四章　加减混合运算

当一个算式中同时含有加减运算时，我们称这样的算式为加减混合运算式。在加减混合运算中，也可以把算式中的各数按位拆分归类重组后，从高位至低位依次分别将同位数上节点数值相加减，然后，再将它们的结果依次累加获得最终答案。也即：

在多位数加减中，我们可以从高位到低位先把它们的同位数相加减。然后，再把结果依次累加，获取最终答案。

课堂演示例题：

① 57+18−46

解法一（适合还未掌握有理数运算法则的小学读者用。下同）：

十位数相加减：50+10−40=20

个位数相加减：7+8−6=9

累加得结果：20+9=29

算式：

57+18−46

=50+10−40+7+8−6

=20+9

=29

解法二（掌握有理数运算法则的初中以上读者可直接用此方法。下同）：

57+18−46

=（5+1−4）×10+（7+8−6）

=20+9（心算步骤：十位上相加减得20，个位上相加减得9，累加得29）

=29

② 89.1−56+13−5.6

解法一：

观察本题，由于被减数的十分位数小于减数的十分位数，所以，应当在算式中从被减数的个位上取出$\boxed{1}$，加在十分位上，再进行运算。即：

十位数相加减得：80−50+10=40

个位数相加减得：9−6+3−5−$\boxed{1}$=0

十分位数相加减得：$\boxed{1}$+0.1−0.6=0.5

累加得结果：40+0+0.5=40.5

算式：

89.1−56+13−5.6

=80−50+10+9−6+3−5−1+1+0.1−0.6

=40+0+0.5

=40.5

解法二：

89.1−56+13−5.6

=（8−5+1）× 10+（9−6+3−5）+（0.1−0.6）

=40+1−0.5（心算步骤：十位上相加减得 40，个位上相加减得 1，累加得 41，十分位上相加减得 −0.5，累加得 40.5）

=40.5

③ 789+253−378

解法一：

百位数相加减：700+200−300=600

十位数相加减：80+50−70=60

个位数相加减：9+3−8=4

累加得结果：600+60+4=664

算式：

789+253−378

=700+200−300+80+50−70+9+3−8

=600+60+4

=664

解法二：

789+253−378

=（7+2−3）×100+（8+5−7）×10+（9+3−8）

=600+60+4（心算步骤：百位上相加减得 600，十位上相加减得 60，累加得 660，个位上相加减得 4，累加得 664）

=664

④ 89−35+51−35+24−14

解法一：

十位数相加减：80−30+50−30+20−10=80

个位数相加减：9−5+1−5+4−4=0

累加得结果：80+0=80

算式：

89−35+51−35+24−14

$=\underline{80-30+50-30+20-10}+\underline{9-5+1-5+4-4}$

=80+0

=80

解法二：

89−35+51−35+24−14

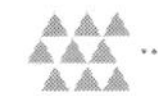

=80+0（心算步骤：十位上相加减得 80，个位上相加减得 0，

累加得 80）

=80

⑤ 7890−3456−1234+5476+1324−1325

解法一：

观察本题，由于被减数的个位数小于减数的个位数，所以，应当在算式中从被减数的十位数上取出 10，加在个位数上，再进行运算。即：

千位数相加减：7000−3000−1000+5000+1000−1000=8000

百位数相加减：800−400−200+400+300−300=600

十位数相加减：90−50−30+70+20−20−10=70

个位数相加减：10+0−6−4+6+4−5=5

累加得结果：8000+600+70+5=8675

算式：

7890−3456−1234+5476+1324−1325

=7000−3000−1000+5000+1000−1000+800−400−200+400+300−300+90−50−30+70+20−20−10+10+0−6−4+6+4−5

=8000+600+70+5

=8675

解法二：

7890−3456−1234+5476+1324−1325

=8000+600+80−5（心算步骤：千位上相加减得 8000，百位上相加减得 600，累加得 8600，十位上相加减得 80，累加得 8680，个位上相加减得 −5，累加得 8675）

=8675

加减混合直写答案式简化计算方法：

基本解法与前面加、减法的直写答案式计算方法相同。

例：① 7890−3456+5476−1234+1324−1325

解：7890−3456+5476−1234+1324−1325=8675

- 草案　　8685　整理后得：8675 即为结果
- 　　　　　−1

例：② 335+103−611

解：观察本例，结果是负数。所以：

335+103−611=−（−335−103+611）=−（611−335−103）

=−（173）=−173

- 草案　　2 8 3　整理后得：173 即为括号里的结果
- 　　　　−1−1

用此方法熟悉之后，也可不用草稿，直写答案。

习题

心算下列各式。

78−56+34

89+23−57

68−38+12−32

90−68+38−45

876−567+347−36

678+235−213

768−547+247+351

987−587+456

96.8+12−34.6+56.1

87654−45632

89060−34563+343

78905−57680+12345−45645+12340

98676−35072+47260+12313−13652+35670−48676

第五章　乘法运算

两个多位数相乘，可将乘式中的一个因数按位（或按需）拆分，然后，再从高位到低位与另一因数相乘，最后再把各位所得之积相加，获得结果。

零乘任何数都为零；正数乘负数得负数，负数乘负数得正数。且：$a\times b=b\times a$；$(a\times b)\times c=a\times(b\times c)$；$a\times(b+c)=a\times b+a\times c$

课堂演示例题：

① 37×6

解：

37×6

$=(30+7)\times6$［心算步骤：先将被乘数化成(30+7)，用30乘以6，得180，7乘以6得42，累加得222］

$=180+42$

$=222$

② 52×15

解:

52×15

$=(50+2)\times15$ [心算步骤:先将被乘数化成(50+2),用50乘以15,得750,2乘以15得30,累加得780]

$=750+30$

$=780$

③ 654×4

解:

654×4

$=(600+50+4)\times4$ [心算步骤:先将被乘数化成(600+50+4),600乘以4,得2400,50乘以4得200,累加得2600,4乘以4,得16,累加得2616]

$=2400+200+16$

$=2616$

④ 582×12

解:

582×12

$=(500+80+2)\times12$ [心算步骤:先将被乘数化成(500+80+

2),500 乘以 12,得 6000,
80 乘以 12 得 960,累加得
6960,2 乘以 12,得 24,累
加得 6984]

=6000+960+24

=6984

⑤ 306×203

解：

306×203

=306×（200+3）[心算步骤：先将乘数化成(200+3),306 乘
以 200,得 61200,306 乘以 3 得
918,累加得 62118]

=61200+918

=62118

⑥ 2012×311

解：

2012×311

=2012×（300+10+1）[心算步骤：先将乘数化(300+10+1),
2012 乘以 300,得 603600,
2012 乘以 10 得 20120,累
加得 623720,2012 乘以 1

仍为2012，累加得625732］

=603600+20120+2012

=623720+2012

=625732

⑦ 980×215

解：

980×215

=（1000−20）×215［心算步骤：先将被乘数化成（1000−20），1000乘以215，得215000，20乘以215得4300，215000减去4300得210700］

=1000×215−20×215

=215000−4300

=210700

⑧ 1998×325

解：

1998×325

=（2000−2）×325［心算步骤：先将被乘数化成（2000−2），2000乘以325，得650000，2乘以325得650，650000减去650得649350］

$=650000-650$

$=649350$

习题

心算下列各式（刚开始可做适当笔记）。

23×7	45×8	62×5
125×6	25×12	46×24
52×13	61×32	72×15
43×18	56×12	76×15
87×21	47×35	241×24
536×7	362×18	712×26
435×102	532×306	361×420
321×27	534×101	623×32
1341×103	2541×205	3214×16
2341×28	204×305	501×406
212×302	315×207	421×123
987×225	1990×315	2989×305
3999×1150		

第六章　除法运算

两个多位数相除，可把被除数根据需要拆分后再分级相除，然后再把各级商相加，获取结果。

零除以任何数得零；零做除数没有意义。

课堂演示例题：

① 567 ÷ 9

解：

567 ÷ 9

=（540+27）÷ 9（心算步骤：估算被除数与除数的倍数关系，如果一时看不清的话，将被除数分段，先分出整十数的倍数，再看余数。本题：在 567 中可先分出 9 的整 60 倍 540，余数 27，是 9 的 3 倍，所以，商是 60+3=63。有关除数是 9 的除法，也可采用特殊

算法，本书第九章中有专项论述，读者可灵活应用）

=540 ÷ 9+27 ÷ 9

=60+3

=63

② 667 ÷ 8

解：

667 ÷ 8

=（664+3）÷ 8（心算步骤：在 667 中先分出 8 的整 83 倍 664，余数 3，即：商是 83 余 3）

=664 ÷ 8+3 ÷ 8

=83 余 3

或（若一时算不清，可先分出除数的整十数倍，再分步计算。下同）：

667 ÷ 8

=（640+24+3）÷ 8（心算步骤：在 667 中先分出 8 的整 80 倍 640，余数 27，再分成 24+3，24 是 8 的 3 倍，余 3。所以，商是 83 余 3）

=80+3+3 ÷ 8

=83 余 3

若要计算成小数形式，则：

667 ÷ 8

= 83+3/8

= 83+（3/8）× 1000 × 0.001

= 83+（3000/8）× 0.001

= 83+【(2400+560+40）/8】× 0.001

= 83+375 × 0.001

= 83+0.375

= 83.375

③ 598 ÷ 12

解:

598 ÷ 12

=（588+10）÷ 12（心算步骤：在 598 中先分出 12 的整 49 倍 588，余数 10，即：商是 49 余 10）

=49+10/12

=49 余 10

或：

598 ÷ 12

=（480+108+10）÷ 12（心算步骤：在 598 中先分出 12 的整 40 倍 480，余数 118，再分出 12 的 9 倍 108，余数 10，即：商

是40+9=49，余10）

=40+9+10/12

=49余10

解：

④ 1234 ÷ 5

解：

1234 ÷ 5

=1234 ×（2/10）（心算步骤：当除数是5时，我们可以先将被除数乘以2再除以10。由此及彼，读者也可自己总结出某数除以50或25的简便算法）

=2468/10

=246.8

⑤ 627 ÷ 25

解：

627 ÷ 25

=（625+2）÷ 25（心算步骤：在627中先分出25的整25倍625，余数2，即商是25.08）

=25+2/25

=25+0.08

=25.08

或：

627 ÷ 25

=627 × 4/100（心算步骤：将 627 乘以 4，再除以 100，得 25.08，虽然可以这样算，但有时未必比直接算来得快，读者可根据题目灵活应用）

=25.08

⑥ 5687 ÷ 72

解：

5767 ÷ 72

=（5760+7）÷ 72（心算步骤：在 5767 中先分出 72 的整 80 倍5760，余数7，即商是80余7）

=5760 ÷ 72+7 ÷ 72

=80 余 7

⑦ 4873 ÷ 232

解：

4873 ÷ 232

=（4872+1）÷ 232（心算步骤：在 4873 中先分出 232 的整 21 倍 4872，余数 1，即商是 21 余 1）

=4872 ÷ 232+1 ÷ 232

=21余1

或（一时看不清时，可先分出被除数中除数的整十数倍）：

解：

4873÷232

=（4640+232+1）÷232（心算步骤：在4873中先分出232的整20倍4640，余数233=232+1，即商是21余1）

=4640÷232+232÷232+1÷232

=20+1+1÷232

=21余1

⑧ 1950÷25

解：

1950÷25

=（1750+200）÷25（心算步骤：在1950中先分出25的整70倍1750，余数200，是25的8倍，即商是78）

=1750÷25+200÷25

=70+8

=78

或：

解：

1950 ÷ 25

=（2000−50）÷ 25（心算步骤：本题也可将 1950 化成 2000−50，2000 除于 25 得 80，减去 50÷25，得商 78）

=2000 ÷ 25−50 ÷ 25

=80−2

=78

习题

一、请判断下列各数分别能被什么数整除。

352　5684　23568　1425　45370　4675

3468　45837　882　150　1573

二、计算下列各式。

240 ÷ 8	84 ÷ 7	495 ÷ 9
360 ÷ 5	345 ÷ 5	256 ÷ 5
4345 ÷ 25	1234 ÷ 25	4352 ÷ 50
5433 ÷ 50	490 ÷ 13	590 ÷ 18
680 ÷ 32	4568 ÷ 24	7523 ÷ 45
589 ÷ 270	7360 ÷ 920	3567 ÷ 360
3578 ÷ 500	5768 ÷ 720	998 ÷ 25
1999 ÷ 25		

第七章　乘方运算

在乘方运算中，对2次方、3次方的乘方运算，我们可以把它们先转化为乘法运算，再按乘法运算的方法进行。对高次方的乘方运算，可以先把它们转化为简单次方后，再分段运算，最后累加出结果。根据具体题目也可用因式分解公式 $(a \pm b)^2=a^2+b^2 \pm 2ab$ 简化运算。

如：18的平方可转化为 $18^2=18 \times 18=18 \times (10+8)=180+80+64=324$；

18的4次方可转化为 $18^4=18^2 \times 18^2=324 \times 324=324 \times (300+20+4)=(90000+6000+1200)+(6000+400+80)+(1200+80+16)=97200+6480+1296=104976$；

或采用因式分解公式计算：$18^2=(20-2)^2=20^2+2^2-2 \times 20 \times 2=400+4-80=324$；$18^4=18^2 \times 18^2=324 \times 324=(300+24)^2=300^2+24^2+2 \times 300 \times 24=90000+576+14400=104976$

课堂演示例题：

① 34^2

解：

34^2

$=34\times34$

$=34\times(30+4)$［心算步骤：将 34^2 看成 $34\times(30+4)$ 分别相乘得 1020+136，累加得 1156］

$=1020+136$

$=1156$

② 62^2

解：

62^2

$=(60+2)^2$［心算步骤：将 62^2 化成 $(60+2)^2$ 按因式分解公式解得：3600+4+240，累加得 3844］

$=60^2+2^2+2\times60\times2$

$=3600+4+240$

$=3844$

③ 23^3

解：

$23^3=23\times(20+3)\times23$

$=(460+69)\times23$（心算步骤：先算 23^2 再将算得的结果 529

乘以23，得10580+1587，累加得12167）

$=529\times(20+3)$

$=10580+1587$

$=12167$

④ 11^4

解：

11^4

$=11^2\times11^2$ ［心算步骤：先将11^4分解成$11^2\times11^2$得$121\times121=12100+2420+121$，累加得14641］

$=121\times121$

$=121\times(100+20+1)$

$=12100+2420+121$

$=14520+121$

$=14641$

或：

解：

11^4

$=11^2\times11^2$［心算步骤：先将11^4分解成$11^2\times11^2$得$121\times121=(120+1)^2$解得14400+1+240，累加得14641］

$=121\times121$

$=(120+1)^2$

$=120^2+1^2+2\times120\times1$

$=14400+1+240$

$=14641$

习题

计算下列各式。

25^2	32^2	61^2	123^2	324^2	150^2
198^2	290^2	12^3	25^3	4^4	12^4

第八章　开方运算

开方——指求一个数的方根的运算，为乘方的逆运算，在中国古代也指求二次或高次方程的正根。一个数的 2 次方根称为平方根；3 次方根称为立方根。各次方根统称为方根。求一个指定的数的方根的运算称为开方。一个数有多少个方根，这个问题既与数所在范围有关，也与方根的次数有关。在实数范围内，任一实数的奇数次方根有且仅有一个，例如 125 的 3 次方根为 5，−125 的 3 次方根为 −5；正实数的偶数次方根是两个互为相反数的数，例如 4 的 2 次方根为 2 和 −2；负实数不存在偶数次方根；零的任何次方根都是零。在复数范围内，无论 n 是奇数或偶数，任一个非零的复数的 n 次方根都有 n 个。本书仅在实数范围内讨论数的开方运算。

在日常生活中，求取平方根和立方根是经常会遇到的事。求根的方法有好多种，可选取其中最省力的计算方法来求得能够满足精确度要求的结果。

第一节　开平方运算

我们知道，正数 m 有两个平方根 $\pm\sqrt{m}$，我们将正数 m 的正的平方根$\sqrt{m}$，叫做 m 的算术平方根。例如：2 的平方根是 $\pm\sqrt{2}$，其中$\sqrt{2}$叫做 2 的算术平方根。求一个数的平方根的运算叫做开平方。在开平方运算中，我们可以得到绝对值相同、符号相反的两个解，它们的差别仅限于符号。其中的一个正根为算术平方根。因此，可以通过求算术平方根为例来研究开平方运算。

在求算术平方根 $x=\sqrt{m}$的运算中，我们可以分段先求取算术平方根的整数部分，再求取小数部分，然后把二者相加得出结果。若设：x 为算术平方根近似值，m 为被开方数（$m \geqslant 0$），a 为算术平方根中的最大整数部分，b 为算术平方根中的小数部分。当：$m=(a+b)^2=a^2+2ab+b^2$ 时，由于 b 为小数，故 b^2 值相对很小，在实际应用中可略去，即由 $m \approx a^2+2ab$ 得：$b \approx (m-a^2)/(2a)$。这样所求算术平方根的近似值 x 为：$x \approx a+b$。当精确度达不到所需要求时，可将上一步所得的 b 值代入：$b' \approx (m-a^2)/(2a+b)$、$b'' \approx (m-a^2)/(2a+b')$、…，求取更高精度的算法平方根 $x' \approx a+b'$、$x'' \approx a+b''$、…直至达到要求为止。在实际应用中，我们会发现：所取整数 a 的平方数越靠近被开方数，越容易得出高精确度的方根。所以，必要时我们可以取 a 为算术平方根的最大整数值加 1。此时，$x \approx a+b$

仍然适用（这时求出的 b 值为差值）。

也即：我们在求算术平方根的运算中，可以先在 $\sqrt{m}$ 中，取出方根的最大整数部分 a（当掌握了乘方心算后，寻求算术平方根的最大整数部分已成为可能），然后再用 $b \approx (m-a^2)/(2a)$，求算术平方根的小数部分 b；当数值较大时（一般大于四位数时），也可先取方根的大数部分，再求取小数部分；然后把二者相加获取算术平方根的近似值 $x \approx a+b$。如果需要较高的精确度，则可进一步求取：$b' \approx (m-a^2)/(2a+b)$、$b'' \approx (m-a^2)/(2a+b')$、…，$x' \approx a+b'$、$x'' \approx a+b''$、…本方法可直至达到要求的精确度为止，必要时也可进行验算。

公式：$x \approx a+b=a+(m-a^2)/(2a)$

若被开方数是小数时，我们可以取 a 的平方数最靠近被开方数 m 的 a 值，进行计算；也可（为方便计算）将被开方数分子分母同时乘上10的平方，然后，先提取分母部分方根（1/10），再求分子部分的方根。

课堂演示

例1：求 $\sqrt{17}$

解：

由题意得 $m=17$，取 $a=4$

则：

$b \approx (m-a^2)/(2a)$

$=(17-4^2)/(2\times4)$

$=0.125$

$x\approx a+b$（心算步骤：先取$\sqrt{17}$的整数部分方根4，然用$17-4^2=1$除以2×4，得小数部分方根0.125，与整数部分方根4累加得4.125，即为$\sqrt{17}$的近似值）

$=4+0.125$

$=4.125$

验算：

4.125^2

$=(4+0.125)^2$

$=4^2+0.125^2+2\times4\times0.125$

$=16+0.015625+1$

$=17.015625$

即，4.125可为$\sqrt{17}$的近似值。

例2：求$\sqrt{150}$

解：

由题意得$m=150$，取$a=12$

则：

$b\approx(m-a^2)/(2a)$（心算步骤：先取$\sqrt{150}$的整数部分方根12，然用$150-12^2=6$

除以 2 × 12，得小数部分方根 0.25，与整数部分方根 12 累加得 12.25，即为$\sqrt{150}$的近似值）

=（150−12^2）/2 × 12

=6/24

=0.25

$x \approx a+b$=12+0.25=12.25

验算：

12.25^2

=（12+0.25）^{2}

=12^2+0.25^2+2 × 12 × 0.25

=144+0.0625+6

=150.0625

即可取 12.25 为$\sqrt{150}$的近似值。

例 3：求$\sqrt{3}$

方法一：

解：

由题意得 m=3，取 a=1

$b \approx$（$m-a^2$）/（$2a$）（心算步骤：先取$\sqrt{3}$的整数部分方根 1，然用 3−1^2=2 除以

2×1，得小数部分方根1，与整数部分方根1累加得2，显然与3的方根偏离较大，则，用2除以2×1+1，得小数部分方根0.67，与整数部分方根1累加得1.67，仍然偏离较大，再用2除以2×1+0.67，得小数部分方根0.75，与整数部分方根1累加得1.75）

=2/2

=1

$x \approx a+b=1+1=2$ 明显与$\sqrt{3}$的值偏远，则需进一步求取 b'：

$b' \approx (m-a^2)/(2a+b)$

$=(3-1)/(2\times1+1)$

=2/3

≈ 0.67

$x' \approx a+b'$

=1+0.67

=1.67

验算，为方便于计算，可取1.7为验算对象。即：

$1.7^2=（1+0.7）^2=1^2+0.7^2+2\times1\times0.7=1+0.49+1.4$

$=2.89$

由于 $1.67^2 < 2.89$

故而，1.67与$\sqrt{3}$的值偏离仍然较大，需进一步求取 b''：

$b''\approx（m-a^2）/（2a+b'）$

$=2/（2\times1+0.67）$

$=2/2.67$

≈ 0.75

$x''\approx a+b''$

$=1+0.75$

$=1.75$

验算：

$1.75^2=（1^2+0.75^2+2\times1\times0.75）$

$=1+0.5625+1.50$

$=3.0625$

即可取1.75为$\sqrt{3}$的近似值。

方法二：

解：

取 $a=2$，$m=3$

则：

$b \approx (m-a^2)/(2a)$（心算步骤：先取$\sqrt{3}$的整数部分方根2，然用 $3-2^2=-1$ 除以 2×2，得小数部分方根 -0.25，与整数部分方根2累加得1.75，即为$\sqrt{3}$的近似值）

$=(3-2^2)/(2\times2)$

$=-1/4$

$=-0.25$

$x \approx a+b$

$=2+(-0.25)$

$=1.75$

由此可见：

所取整数 a 的平方数越靠近被开方数，越容易得出高精确度的方根。

当确定所取 a 值是最靠近实际方根的值时，我们也可直接用简算步骤计算。当不能确定时，则用分步方法计算，有利于作进一步的精确度推进。这也是本方法的优点之一。读者可根据具体题目灵活应用。

简算步骤：

$\sqrt{3} \approx 2+(3-2^2)/(2\times2)$

$=2+(-1)/4$

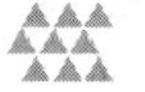

$=2-0.25$

$=1.75$

例 4：$\sqrt{0.17}$

解：

$\sqrt{0.17}=\sqrt{(0.17\times10^2/10^2)}$

$=(1/10)\times\sqrt{17}$

同例 1：$\sqrt{17}=4.125$

$(1/10)\times\sqrt{17}$

$=(1/10)\times4.125$

$=0.4125$

例 5：$\sqrt{12996}$

解：

$\sqrt{12996}$

$m=12996$，取 $a=110$

$b\approx(m-a^2)/(2a)$

$=(12996-12100)/2\times110$

$=896/220$ （心算步骤：先取$\sqrt{12996}$的大数部分方根 110，然后用 12996−12100=896 除以 2×110，得小数部分方根 4.07，与大数部分方根 110 累加得 114.073，近似取 114 即为 12996 的算术平方根）

$=4.073$

$x \approx a+b$

$=110+4.073$

$=114.073$

可取 114 作为验算对象

验算：

$114^2=114\times(100+10+4)$

$=11400+1140+456$

$=12996$

即 114 是$\sqrt{12996}$的值。

本题，由于被开方数的末位数是 6，而 4 的平方的末位数也是 6，故而，我们也可先用 114^2 试算：

$114^2=(110+4)^2=110^2+4^2+2\times110\times4=12100+16+880=12996$

即 114 是$\sqrt{12996}$的方根。

习题

计算。

$\sqrt{23}$　$\sqrt{50}$　$\sqrt{78}$　$\sqrt{143}$　$\sqrt{172}$　$\sqrt{1709}$

$\sqrt{6408}$　$\sqrt{8112}$　$\sqrt{50.5}$　$\sqrt{0.83}$　$\sqrt{0.98}$

第二节　开立方运算

在求立方根 $x=\sqrt[3]{m}$的运算中，我们可以分段先求取立方根

的整数部分，再求取小数部分，然后把二者相加得出结果。当数值较大时（一般大于六位数时），也可先取立方根的大数部分，再求小数部分，然后把二者相加得出结果。设：x 为立方根的近似值，m 为被开方数，a 为立方根中的最大整数部分，b 为立方根中的小数部分。当：$m=(a+b)^3=a^3+3a^2b+3ab^2+b^3$ 时，由于 b 为立方根的小数部分，b^3 值很小，可略去：得 $m=(a+b)^3\approx a^3+3a^2b+3ab^2$。

$b\approx(m-a^3)/(3a^2+3ab)$

同理，由于在 $(m-a^3)/(3a^2+3ab)$ 算式中，b 值很小，可简化为（近似值）：$b\approx(m-a^3)/3a^2$。这样所求立方根的近似值 x 为：$x\approx a+b$。当精确度达不到所需要求时，我们可将上一步所得的 b 值代入：$b'\approx(m-a^3)/(3a^2+3ab)$、$b''\approx(m-a^3)/(3a^2+3ab')$、…，求取更高精度的立方根 $x'\approx a+b'$、$x''\approx a+b''$、…，直至达到要求为止。在实际应用中，我们发现：所取整数 a 的立方数越靠近被开方数，越容易得出高精确度的方根。所以，必要时我们可以取 a 为立方根的最大整数值加 1。此时，$x\approx a+b$ 仍然适用（这时求出的 b 值为差值）。

也即我们在求立方根的运算中，可以先在 $\sqrt[3]{m}$ 中，取出方根的最大整数部分 a，然后再用 $b\approx(m-a^3)/3a^2$，求立方根的小数部分 b；当数值较大时（一般大于六位数时），可先取立方根的大数部分，再求取小数部分；然后把二者相加获取立

方根的近似值 $x \approx a+b$。如果要求较高的精确度，则可进一步求取 $b' \approx (m-a^3)/(3a^2+3ab)$、$b'' \approx (m-a^3)/(3a^2+3ab')$、…，$x' \approx a+b'$、$x'' \approx a+b''$、…可直至达到要求的精确度为止。必要时也可进行验算。

公式：$x \approx a+b=a+(m-a^3)/3a^2$

若被开方数是小数时，我们可以取 a 的立方数最靠近被开方数 m 的 a 值，进行计算；也可（为方便计算）将被开方数分子分母同时乘上 10 的立方，然后，先提取分母部分方根（1/10），再求分子部分的方根。且负数的立方根是负数；$\sqrt[3]{0}=0$。

课堂演示

例 1：$\sqrt[3]{70}$

解：

由题意得 $m=70$，取 $a=4$

$b \approx (m-a^3)/3a^2$

$=(70-4^3)/(3\times4^2)$（心算步骤：先取 $\sqrt[3]{70}$ 的整数部分立方根 4，然用 $70-4^3=6$ 除以 3×16，得小数部分立方根 0.125，与整数部分方根 4 累加得 4.125，即为 70 的近似立方根。若要更高精确度，则再用 6 除以

3×16+3×4×0.125 得小数部分立方根 0.1212，与整数部分方根 4 累加得 4.1212）

=6/48

=0.125

$x \approx a+b$

=4+0.125

=4.125

验算：

$4.125^3=70.189$

若需更高精确度，则：

$b' \approx (m-a^3)/(3a^2+3ab)$

=（70−64）/（48+3×4×0.125）

=6/49.5

=0.1212

$x' \approx a+b'$

=4+0.1212

=4.1212

验算：

$4.1212^3=69.996$

例 2：$\sqrt[3]{0.7}$

解：

$\sqrt[3]{0.7}=\sqrt[3]{(0.7\times10^3/10^3)}$

$=(1/10)\times\sqrt[3]{(0.7\times10^3)}$

$=(1/10)\times\sqrt[3]{700}$

由：$\sqrt[3]{700}$

得 m=700，取 a=8

$b\approx(m-a^3)/3a^2$

$=(700-512)/3\times64=188/192=0.979$

$b'\approx(m-a^3)/(3a^2+3ab)$

$=188/(192+3\times8\times0.979)$

$=188/215.5=0.8724$

$x'\approx a+b'$

$=8+0.8724$

$=8.8724$

$\sqrt[3]{0.7}$

$=(1/10)\times\sqrt[3]{700}$

$=0.8872$

或：

$\sqrt[3]{0.7}$

$=(1/10)\times\sqrt[3]{700}$

由：$\sqrt[3]{700}$

取 a=9，m=700

$b \approx (m-a^3)/3a^2$

$=(700-729)/3\times 81$

$=-29/243=-0.119$

$x \approx a+b$

$=9+(-0.119)$

$=8.88$

$\sqrt[3]{0.7}$

$=(1/10)\times\sqrt[3]{700}$

$=(1/10)\times 8.88$

$=0.888$

由此可见：

所取整数 a 的立方数越靠近被开方数，越容易得出高精确度的方根。

习题

计算。

$\sqrt[3]{68}$　　$\sqrt[3]{134}$　　$\sqrt[3]{567}$　　$\sqrt[3]{0.56}$　　$\sqrt[3]{729100}$

第九章　特殊条件下的速算方法

在运算工作中,有时我们还会遇到一些特殊数据的计算.对这些数据，我们可以由高位分段累加算法结合因式分解公式及传统的速算方法总结归纳出对应的特殊方法来进行速算处理。有利于在实际运算中灵活应用。下面我们就来研究其中的一些特例。

第一节　补整拆零简化计算

在加减运算中我们可以对接近整百、整千、整万的数，用补整拆零的方法来简化运算。

特例一：当加式中某数据接近且不足整百、整千、整万时，可以先将它补成整数，并在算式的最后减去补数进行计算。

例：9998+1568

解：

9998+1568

=9998+2−2+1568

=10000+1568−2（心算步骤：将 9998 补成 10000，加上 1568 得 11568 减去补数 2，得 11566）

=11568−2

=11566

特例二：当减式中，被减数明显大于减数，减数接近且不足整百、整千、整万时，我们可以先将减数补成整数，并在算式的最后加上补数进行计算。

例：25364−9989

解：

25364−9989

=25364−（10000−11）

=25364−10000+11（心算步骤：先将 9989 补成 10000，用 25364 减去 10000 得 15364，再加上补数 11，得 15375）

=15364+11

=15375

特例三：当乘式中的因数接近整万、整千、整百时，我们可以考虑将它补成整数就简计算。如：9999×5637=（10000−1）×5637=56370000−5637=56364363

例：9990×321

解：

9990 × 321

= (10000−10) × 321 ［心算步骤：先将被乘数化成(10000−10),10000 乘以 321，得 3210000,10 乘以 321 得 3210,相减得 3206790］

=3210000−3210

=3206790

特例四：对接近十的整数倍或接近整百、整千、整万的数的平方计算，我们可以采用补整拆零套用因式分解公式 $(a \pm b)^2=a^2+b^2 \pm 2ab$ 来进行快速运算。如：$51^2=(50+1)^2=50^2+1^2+2 \times 50 \times 1=2500+1+100=2601$；$98^2=(100-2)^2=100^2+2^2-2 \times 100 \times 2$

=10000+4−400

=9604。

例：

① 102^2

解：

102^2

$=(100+2)^2$ ［心算步骤：先将 102^2 化成 $(100+2)^2$，然，得 100 的平方为 10000，2 的平方为 4，累加

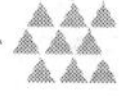

得10004，加上100与2的积的2倍400，得10404］

$=100^2+2^2+2\times100\times2$

$=10000+4+400$

$=10404$

② 999^2

解：

999^2

$=(1000-1)^2$［心算步骤：先将 999^2 化成 $(1000-1)^2$，然，得1000的平方为1000000，1的平方为1，累加得1000001，减去1000与1的积的2倍2000，得998001］

$=1000^2+1^2-2\times1000\times1$

$=1000000+1-2000$

$=998001$

特例五：如果一个二到九位的多位数，各位数字都是1，那么，这个多位数的平方的结果为：从1开始自然数递增至它的位数值再递减至1。如：11^2，11111^2，用高位分段累加算法很容易证得：$11^2=11\times(10+1)=110+11=121$；$11111^2=11111\times(10000+1000+100+10+1)=111110000+11111000+1111100+111110+11111=123454321$

例：

① 111^2

解：

111^2

$=12321$（心算步骤：由于本题是一个三位数，且各位数字都是1，则它的答案是：12321）

② 1111^2

解：

1111^2

$=1234321$（心算步骤：由于本题是一个四位数，且各位数字都是1，则它的答案是：1234321）

推而广之，一个多位数若前半部分的数字都是1，后半部分的数字都是0，则这个多位数的平方等于前半部分都是1的数的平方乘于10的n次的平方。n等于0的个数。

例：111000^2

解：

111000^2

$=(111\times10^3)^2$

$=111^2\times(10^3)^2$（心算步骤：111的平方为12321，10的3次方的平方为1000000，两者相乘之积为12321000000）

$=12321\times10^6$

=12321000000

特例六：两个十位数字差 1，个位数字之和为 10 的二位数相乘，等于较大的因数之十位数的整十数的平方减去个位数字的平方。如：$16\times24=(20-4)\times(20+4)=20^2-4^2$

例：

① 38×42

解：

38×42

$=40^2-2^2$（心算步骤：用较大因数 42 的十位数的整十数 40 的平方减去个位数字 2 的平方，得 $40^2-2^2=1600-4=1596$）

=1600−4

=1596

② 97×103

解：

98×102

$=100^2-2^2$（心算步骤：本题较大的因数为 102，我们就用 100 的平方减去它的个位数字 2 的平方，得 $100^2-2^2=10000-4=9996$ 即为本题答案）

=10000−4

=9996

注：类似问题，当相乘的两个因数满足（$a+b$）×（$a-b$）= a^2-b^2，且 a 和 b 都较易计算时，我们即可考虑套用这公式进行运算。如：$991\times1009=(1000-9)\times(1000+9)=1000^2-9^2=1000000-81=999919$。

第二节　解读古印度吠陀数学

吠陀数学来自古印度，是一种用实例来说明的速算方法，是印度传统数学，也叫印度数学。

本节，我们将用高位分段累加算法来推导乘、除法运算中日常应用较多的六个特例速算方法。这六个特例速算方法，同时也有助于我们理解吠陀数学中乘法五式和除数是 9 的除法速算方法。

特例一：任意数和 11 相乘之积等于这个数乘以 10，再加上这个数。如：$21\times11=21\times(10+1)=210+21=231$，用高位分段累加算法也可证得：$21\times11=21\times(10+1)=210+21=200+(10+20)+1=\underline{2}\times100+\underline{(1+2)}\times10+\underline{1}=231$。

如果将该算式中的“×100”“×10”看成是对应数字的所在位置标志，则本特例有助于理解古印度吠陀数学乘法第一式（任意数和 11 相乘：①把和 11 相乘的数的首位和末位数字拆开，中间留出若干空位；②把这个数各个数位上的数字相加；③把第二步求出的和依次填写在上一步留出的空位上）

例：

① 351×11

解：

351×11

$=351 \times (10+1)$

$=351 \times 10+351$

$=3510+351$（心算步骤：351 乘以 10 得 3510，与 351 相加得 3861）

$=3861$

② 2163×11

解：

2163×11

$=2163 \times (10+1)$

$=21630+2163$（心算步骤：2163 乘以 10 得 21630，与 2163 相加得 23793）

$=23793$

特例二：个位数是 5 的两位数的乘方等于十位上的数字乘以比它大 1 的数乘以 100，再加 25。如：85^2，用高位分段累加算法可证得：$85^2=85 \times 85=(80+5) \times 85=80 \times 85+5 \times 85=\underline{80 \times 80+80 \times 5+5} \times 80+\underline{5 \times 5}=(80+5+5) \times 80+25=(80+10) \times 80+25=8 \times (8+1) \times 100+25=\underline{8 \times 9} \times 100+\underline{25}$

我们也可设 a 为十位上的数字，且为 1 ~ 9 的整数，也可证　得：$(10a+5)(10a+5)=100a^2+50a+50a+25=100a(a+1)+25=\underline{a(a+1)}\times 100+\underline{25}$

如果将该算式中的“×100”看成是对应数字的所在位置标志，则，本特例有助于理解古印度吠陀数学乘法第二式（个位数是 5 的两位数的乘方运算：①十位上的数字乘以比它大 1 的数；②在上一步的得数后面紧接着写上 25）

例：

① 35^2

解：

35^2

$=3\times(3+1)\times 100+25$

$=3\times 4\times 100+25$（心算步骤：用 35 的十位上数字 3 乘以比它大 1 的数 3+1=4 乘以 100，得 1200，再加 25 得 1225）

$=1200+25$

$=1225$

② 75^2

解：

75^2

$=7\times 8\times 100+25$（心算步骤：用 75 的十位上数字 7 乘以比它

大1的数8乘以100，得5600，再加25得5625）

=5600+25

=5625

特例三：两个十位数相同，个位数相加得10的二位数的相乘之积，等于十位上的数字乘以比它大1的数乘以100，再加上个位数相乘之积。如：38×32，用高位分段累加算法可证得：38×32=38×（30+2）=38×30+38×2=<u>30×30</u>+<u>30×8</u>+<u>30×2</u>+8×2=30×（30+8+2）+8×2=30×（30+10）+8×2=3×（3+1）×100+8×2=<u>3×4</u>×100+<u>8×2</u>

如设：a为1～9的整数，b、c为0～9的整数，且$b+c=10$。则也可证得：$(10a+b)(10a+c)=100a(a+1)+bc=a(a+1)\times100+bc$

如果将该算式中的“×100”看成是对应数字的所在位置标志，则本特例有助于理解古印度吠陀数学乘法第三式（十位数相同个位数相加得10的两位数的乘法：①十位上的数字乘以比它大1的数；②个位数相乘；③将第二步的得数直接写在步骤1的得数后面）

例：

① 56×54

解：

56×54

$=5\times6\times100+6\times4$（心算步骤：用十位上数字 5 乘以比它大 1 的数 6 乘以 100，得 3000，加上个位数字乘积 $6\times4=24$，得 3024）

$=3000+24$

$=3024$

② 98×92

解：

98×92

$=9\times10\times100+8\times2$（心算步骤：用十位上数字 9 乘以比它大 1 的数 10 乘以 100，得 9000，加上个位数字乘积 $8\times2=16$，得 9016）

$=9000+16$

$=9016$

特例四：两个十位数相同，个位数任意的两位数相乘，等于被乘数加上乘数个位上的数字之和乘以十位数的整十数（11～19 的乘以 10，20～29 的乘以 20…），再加上个位数相乘之积。如：25×27，用高位分段累加算法可证得：$25\times27=25\times(20+7)=25\times20+25\times7=25\times20+20\times7+5\times7=(25+7)\times20+5\times7$；

若设 a 为 1～9 的整数，b、c 为 0～9 的整数，则可证得：

$(10a+b)\times(10a+c)=10a(10a+b+c)+bc=(\underline{10a+b}+c)\times 10a+bc$

本特例有助于理解古印度吠陀数学乘法第四式［十位数相同，个位数任意的两位数的乘法：①被乘数加上乘数个位上的数字，和乘以十位的整十数（11～19 的乘以 10，20～29 的乘以 20…）；②个位数相乘；③将前两步的得数相加］

例：

① 16×15

解：

16×15

=（16+5）×10+6×5（心算步骤：被乘数 16 加乘数 15 的个位数 5 的和 21，乘以十位数的整十数 10 得 210，再加上个位数相乘之积 30，累加得 240）

=210+30

=240

② 52×56

解：

52×56

=（52+6）×50+2×6（心算步骤：被乘数 52 加乘数 56 的个位数 6 的和 58 乘以十位数的整十数 50 得 2900，再加上个位数相乘之积 12，累加得 2912）

=2900+12

=2912

特例五：100～110 之间的两个数相乘之积，等于被乘数加上乘数个位上的数字之和乘以 100，再加上个位上的数字相乘之积。如：103×106，用高位分段累加算法可证得：103×106=103×（100+6）=103×100+103×6=103×100+（100+3）×6=103×100+100×6+3×6=（103+6）×100+3×6

若设 b、c 为 0～10 的整数，同样可证得：$(100+b)(100+c)=(100+b+c)\times100+bc$

如果将该算式中的“×100”看成是对应数字的所在位置标志，则本特例有助于理解古印度吠陀数学乘法第五式（100～110 之间的整数乘法：①被乘数加上乘数个位上的数字；②个位上的数字相乘；③将步骤②的得数直接写在步骤①的后面）

本特例直接用高位分段累加算术计算也很容易，读者可灵活应用。如：102×106=（100+2）×106=10600+212=10812。

例：

① 102×106

解：

102×106

$=(102+6)\times100+2\times6$（心算步骤：将被乘数102加上乘数个位上的数字6的和乘以100，得10800，再加上个位上数字之积2×6=12，得10812）

$=10800+12$

$=10812$

② 105×109

解：

105×109

$=(105+9)\times100+5\times9$（心算步骤：将被乘数105加上乘数个位上的数字9的和乘以100，得11400，再加上个位上数字之积5×9=45，得11445）

$=11400+45$

$=11445$

特例六：任何一个多位数除以9，商的各位数字等于被除数中从高位至低位，前各位数字之和，直至被除数的十位数前各位数字（含十位数字）相加之和为商的个位数。被除数的个位数前各位数字（含个位数字）相加之和为商的十分位数，且满十进位，商的百分位数、千分位数的计算方法依此类推，获取商的近似值，然后，根据数的整除性特征取整。如：2466÷9，用高位分段累加算法可证得：2466÷9=2000÷9+400÷9+60÷9+6÷9=$222.\dot{2}+44.\dot{4}+6.\dot{6}+0.\dot{6}$=200+（20+40）+（2+4+6）+（0.2+0.4+0.6+0.6）+（0.02+0.04+0.06+0.06）+（0.002+0.004+0.006+0.006）+…=$\underline{2}$×100+$\underline{(2+4)}$×10+$\underline{(2+4+6)}$+$\underline{(2+4+6+6)}$×0.1+$\underline{(2+4+6+6)}$×0.01+$\underline{(2+4+6+6)}$×0.001+…=200+60+12+1.8+0.18+0.018+…=$273.\dot{9}$=274。

本特例有助于理解古印度吠陀数学中除数是9的除法速算。

例1：5123÷9

解：

5123÷9

=5×100+(5+1)×10+(5+1+2)+(5+1+2+3)×0.1+(5+1+2+3)×0.01+…

=500+60+8+1.1+0.11+…

=568+1.1+0.11（心算步骤：商的首位至个位分别为500、60、8

累加得 568，十分位得 1.1，百分位

得 0.11…累加得 $569.\dot{2}$）

$=569.\dot{2}$

例 2：21348 ÷ 9

解：

21348 ÷ 9

=2 × 1000+（2+1）× 100+（2+1+3）× 10+（2+1+3+4）+（2+1+3+4+8）× 0.1+（2+1+3+4+8）× 0.01+…

=2000+300+60+10+1.8+0.18+…

=2370+1.8+0.18+…（心算步骤：商的首位至个位分别为 2000、300、60、10 累加得 2370，十分位得 1.8，百分位得 0.18…累加得 $2371.\dot{9}$，即商为 2372）

$=2371.\dot{9}$

=2372

多位数除以 9 的直写答案式简化计算方法：

1. 商的首位取被除数的首位。2. 商的第二、第三位分别取被除数的前二、三位数字之和。满十进位，依次类推。被除数的十位数前（含十位数）各位数之和为商的个位数，被除数的个位数前（含个位数）各位数之和为商的十分位数等。将各位所得之和的个位数依次写在前一位的后面，遇有十位数的将十位数字写在前一位数字的下面(待加入)。3. 最后再整理获取结果。本题根据数的整除性特征，被除数 21348 能被 9 整除，即，取商为 2372.

例： $21348 \div 9=2372$

草案	2360.88⋯ 11 11⋯	整理后得：2372

习题

一、请编制 1 ~ 19 分别与 1 ~ 19 相乘的乘法口诀表，并熟记。

二、计算下列各式。

$9995+568$	$35637-9998$	9998×1312
9999×5623	$125\div9$	$456\div9$
$45213\div9$	$312456\div9$	$7124512\div9$
12×11	49×11	2435×11
234×11	521×11	15×15
35×35	55×55	75×75
95×95	21×29	42×48
64×66	83×87	92×98
24×36	52×68	78×82

17×12　　13×18　　32×37

45×43　　56×53　　71×76

96×104　　103×109　　102×108

101×107　　105×104　　106×106

990×1010　　998×1002　　19^2

31^2　　49^2　　68^2

71^2　　99^2　　101^2

998^2　　1002^2　　9999^2

10002^2　　1111111^2

125^2（本题可拓展试用第二节特例二的方法计算）

213×217（可拓展试用第二节特例三的方法计算）

综合习题

速算下列各题（不列竖式,可适当做笔录,但以口算为主）。

$20000+9000+800+60+8=$

$50000+8000+600+150+2=$

$30000+7000+1800+70+5=$

$60000+15000+1700+70+16=$

$8605+2018-5063+4201=$

$9021-4061+6024-5034-1061=$

$6018+3015-2014-2310=$

$7605+3201-4526-2108+4531=$

$935 \times 5-(3462-2150)=$

$(6301-3058+2001) \div 2+1001=$

$3200-(6008-5382) \times 2=$

$5200+1200-3800+820 \div 41=$

$75^2+5000 \div 2500-5625=$

$301 \times 11-(6020-5500) \div 2=$

$1998 \times 2-3996=$　　$36 \times 34+15^2=$

$352 \times 11 \div 5=$　　$42 \times 15+(35-25)^2=$

$245 \times 12+1005=$　　$1988 \times 2=$

$106\times108-10002=$　　　　$83\times85-2100=$

$65\times67+301=$　　　　$945\div21+12\times11=$

$2170\div62+65=$　　　　$1111^2-1234000=$

$62\times58-3600=$　　　　$53\times47+9=$

$79\times81-6400=$　　　　$32100-9998+898=$

$99^2+(998+1632)=$　　　　$9999\times362=$

$6301\times15\%=$　　　　$9998\times20\%=$

$(3006+5301-3457)\times30\%=$

$3604\times(1-80\%)=$

$3521\div20\%=$

$(6320-5086)\div80\%=$

$\sqrt{90}=$　　　　$\sqrt{230}=$　　　　$\sqrt{(360+55)}=$

$\sqrt{(5105-195)}=$　　　　$\sqrt[3]{30}=$　　　　$\sqrt[3]{1730}=$

$\sqrt[3]{3380}=$　　　　$\sqrt[3]{(103\times5)}=$

附 录

附录一　九九乘法口诀表

1×1=1								
1×2=2	2×2=4							
1×3=3	2×3=6	3×3=9						
1×4=4	2×4=8	3×4=12	4×4=16					
1×5=5	2×5=10	3×5=15	4×5=20	5×5=25				
1×6=6	2×6=12	3×6=18	4×6=24	5×6=30	6×6=36			
1×7=7	2×7=14	3×7=21	4×7=28	5×7=35	6×7=42	7×7=49		
1×8=8	2×8=16	3×8=24	4×8=32	5×8=40	6×8=48	7×8=56	8×8=64	
1×9=9	2×9=18	3×9=27	4×9=36	5×9=45	6×9=54	7×9=63	8×9=72	9×9=81

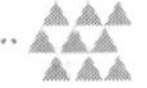

附录二　数的整除性特征

1. 若一个整数的末位数能被 2 整除，或末位数是 0，则这个数能被 2 整除。例：数 136 的末位数 6 能被 2 整除，则 136 能被 2 整除，3210 的末位数是 0，则 3210 能被 2 整除。

2. 若一个整数的各位数字之和能被 3 整除，则这个数能被 3 整除。例：数 6453，6+4+5+3=18，18 能被 3 整除，则 6453 能被 3 整除。

3. 若一个整数的末两位数能被 4 整除，或末两位数是 0，则这个数能被 4 整除。例：数 612 的末两位数 12 能被 4 整除，则 612 能被 4 整除，数 12700 的末两位数是 00，则 12700 能被 4 整除。

4. 若一个整数的末位数是 5 或 0,则这个数能被 5 整除。例：数 35015 的末位数是 5，则 35015 能被 5 整除，数 1350 的末位数是 0，则 1350 能被 5 整除。

5. 若一个整数同时能被 2 和 3 整除，则这个数能被 6 整除。例：738，同时能被 2 和 3 整除，则 738 能被 6 整除。

6. 若一个整数的个位数字截去，再从余下的数中，减去个位数的 2 倍，如果差是 7 的倍数，则原数能被 7 整除。如果数值太大，可重复上述步骤，直到能清楚判断为止。例如，判断 3724 是否 7 的倍数的过程如下：$372-4\times2=364$，364 是 7 的 52 倍，所以 3724 是 7 的倍数，能被 7 整除，商是 532。又如

判断 36519 是否是 7 的倍数：3651−18=3633，363−6=357，357 是 7 的 51 倍，所以，36519 是 7 的倍数，能被 7 整除。

7. 若一个整数的末三位数能被 8 整除，或末三位数是 0，则这个数能被 8 整除。例：数 3168 的末三位数 168 能被 8 整除，则 3168 能被 8 整除，数 123000 的末三位数是 0，则 123000 能被 8 整除。

8. 若一个整数的各位数字之和能被 9 整除，则这个数同时能被 9 和 3 整除。例：数 783，7+8+3=18，18 能被 9 整除，则 783 能被 9 和 3 整除。

9. 若一个整数的奇位数字之和与偶位数字之和的差能被 11 整除，则这个数能被 11 整除。例：1375，（1+7）−（3+5）=0，0 除于 11 等于 0。所以，1375 能被 11 整除，1375 ÷ 11=125。

10. 若一个整数的末两位数能被 25 整除，或末两位数是 0，则这个数同时能被 25 和 5 整除。例：数 3250 的末两位数 50 能被 25 整除，则 3250 同时能被 25 和 5 整除；数 12300 的末两位数是 00，则 12300 同时能被 25 和 5 整除。

附录三　速算基础习题
（小学一至六年级分阶段速算基础练习题）

一、一年级

（一）填空。

88 里面有（　　）个十和（　　）个一。

93 里面有（　　）个十和（　　）个一。

75 里面有（　　）个十和（　　）个一。

61 里面有（　　）个十和（　　）个一。

88 里面有（　　）个十和（　　）个一。

35 里面有（　　）个十和（　　）个一。

19 里面有（　　）个十和（　　）个一。

28 里面有（　　）个十和（　　）个一。

7 个十和 3 个一组成的数是（　　）。

5 个十和 6 个一组成的数是（　　）。

8 个十和 2 个一组成的数是（　　）。

9 个十和 6 个一组成的数是（　　）。

2 个十和 9 个一组成的数是（　　）。

6 个十和 6 个一组成的数是（　　）。

1 个十和 9 个一组成的数是（　　）。

3 个十和 6 个一组成的数是（　　）。

（二）速算（要求不列竖式，以口算为主。复杂的可适当做笔录。下同）。

1+2=	5+3=	4+2=
6−2=	9−8=	10−0=
10−9=	10−10=	6+3−4=
8+2−6=	4+2−3=	9−3−2=
6−6+5=	4−2+4=	10−2−6=
10−7−1=	3+6−9=	10−9+6=
8+0−6=	9−0+1=	16−4=
15+2=	16+4=	18−6=
3+15=	17−15=	19−2=
9+10=	3+7+6=	10+2+3=
4+6+5=	6+5+7=	1+10+7=
6+3+5=	3+7+8=	5+3+8=
19−7−8=	12−3−5=	10−3−6=
17−7−5=	10−7+3=	15−4+7=

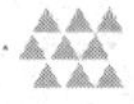

19−6−4=　　10−6+3=　　17−7+10=

18−9+7=　　10+5=　　20+8=

90+5=　　50+3=　　50+15=

80+16=　　20+2=　　60+8=

80+17=　　50+18=　　68−8=

77−7=　　98−8=　　33−3=

50−0=　　60+2+0=　　80+5−7=

75−15+40=　　80−30=　　50−50=

100−60=　　70+30=　　40+40=

10+80=　　90−40=　　50−20=

90−50−20=　　100−50−30=　　60−10−30=

80−40−20=　　100−80+60=　　90−50+10=

50+30−40=　　100−70+20=　　28+8−15=

65+32−55=　　25+8−7=　　87−9+30=

72+10−56=　　84+42−18=　　99−57−15=

58−29−20=

二、二年级

（一）填空。

7 个百 5 个十 6 个一是（　　　）。

8 个百 2 个十 4 个一是（　　）。

9 个百 5 个十 5 个一是（　　）。

6 个百 8 个十 6 个一是（　　）。

3 个百 7 个十 1 个一是（　　）。

5 个百 5 个十 6 个一是（　　）。

8 个千 7 个百 5 个十 6 个一是（　　）。

9 个千 3 个百 5 个十 6 个一是（　　）。

1 个千 7 个百 5 个十 4 个一是（　　）。

6 个千 4 个百 2 个十 6 个一是（　　）。

8 个千 7 个百 6 个一是（　　）。

4 个千 5 个十 6 个一是（　　）。

3 个千 8 个百 6 个一是（　　）。

6491 是（　　）个千（　　）个百（　　）个十（　　）个一。

5341 是（　　）个千（　　）个百（　　）个十（　　）个一。

3018 是（　　）个千（　　）个百（　　）个十（　　）个一。

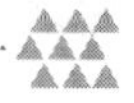

9266是（　　）个千（　　）个百（　　）个十（　　）个一。

1050是（　　）个千（　　）个百（　　）个十（　　）个一。

2801是（　　）个千（　　）个百（　　）个十（　　）个一。

7508是（　　）个千（　　）个百（　　）个十（　　）个一。

6620是（　　）个千（　　）个百（　　）个十（　　）个一。

（二）速算。

60+5=　　80+8=　　30+15=

70+18=　　36+58=　　66+28=

49+29=　　51+31=　　42+28=

41+16=　　54+18=　　34+26=

77+22=　　39+49=　　39+18=

32+38=　　85−56=　　78−19=

93−48=　　74−24=　　100+80=

400+50=	150+15=	200−150=
400+200=	700−500=	200+800=
500+160=	800−300=	300+500=
160+340=	600+150=	375+460=
450+286=	668−260=	680−350=
980−350=	859−238=	785−278=
468−258=	856−567=	532−241=
861−549=	746−483=	2600+160=
4500+2000=	1560+340=	2600+130=
1800+3200=	6000+500=	4500+300=
8500+300=	2200+500=	7800+200=
9100+600=	5600+1400=	8200+2100=
7500+2500=	8600−600=	9500−7200=
7800−7800=	4800−2000=	6500−4300=
7600−1600=	42+12+28=	43+32+21=
17+25+46=	29+26+15=	68−18+20=
65−24+31=	36+21−15=	83−25−16=
56−26+11=	72+21−55=	86−56+21=

$69+13-56=$　　$620+243-333=$　　$560+105-423=$

$329+360-111=$　　$4\times5+6=$　　$6\times7+8=$

$8\times9+35=$　　$6\times3+19=$　　$5\times8+40=$

$7\times9+18=$　　$3\times8+11=$　　$3\times9+33=$

$6\div1=$　　$8\div1=$　　$10\div2=$

$20\div5=$　　$21\div3=$　　$48\div6=$

$42\div6=$　　$9\div9=$　　$8\times3\div6=$

$9\times4\div6=$　　$35\div7\times2=$　　$99\div9\times5=$

$3\times7-21=$　　$6\times8-20=$　　$81\div9+20=$

$25\div25\times2=$　　$25\div(10-5)=$

$(36-16)\times3=$　　$72\div(28-20)=$

三、三年级

速算。

$800+70+6=$　　$700+160+2=$　　$900+50+12=$

$600+150+15=$　　$652+237=$　　$478+312=$

$751+156=$　　$342+656=$　　$921+109=$

$548+273=$　　$562+448=$　　$625+475=$

$6542+2327=$　　$4623+3511=$　　$4637+2403=$

3852+7138=	856−453=	798−638=
957−936=	987−693=	650−430=
950−848=	632−526=	764−604=
5435−4311=	9564−5449=	5462−1534=
6658−5509=	9546−8505=	8792−7851=
6875−5825=	9988−8729=	43+27+15=
60+31−26=	45−28+22=	68+21−65=
118+321−205=	362+325−351=	956−342+111=
351+621−555=	872−254+531=	542−341+215=
（36+19）÷5=	（90+9）÷9=	56+66÷6=
（34+56）÷9=	（45−21）÷4=	75÷5−5=
33×3=	42×5=	24×8=
321×5=	233×7=	123×9=
241×5=	221×6=	168×5=
421×6=	210×5−850=	311×3−730=
521×5−2605=	62×3+111=	801×2+210=
113×8+102=	24×5×4=	66×3×2=
21×2×5=	64÷8×5=	72÷9×8=

$90 \div 3 \times 2=$ $99 \div 9 \times 6=$ $120 \div 4 \times 5=$

$520 \div 5 \times 2=$ $(1+4+5+12+24) \div 6=$

$(130+120+50+20+40+60) \div 7=$

$40 \times 50=$ $50 \times 80=$ $700 \times 60=$

$600 \times 90=$ $56 \times 11=$ $29 \times 11=$

$66 \times 11=$ $76 \times 11=$ $16 \times 15=$

$72 \times 19=$ $21 \times 30=$ $55 \times 20=$

$31 \times 12=$ $24 \times 18=$ $11 \times 22=$

$44 \times 25=$ $8.9-7.3=$ $6.5-3.2=$

$7.5-6.2=$ $12.6-10.6=$ $8.2-7.6=$

$6.1-5.5=$ $15.3-8.6=$ $18.6-10.9=$

四、四年级

速算。

$99 \times 2=$ $999 \times 3=$ $9999 \times 4=$

$99999 \times 5=$ $75 \times 20=$ $21 \times 70=$

$29 \times 31=$ $25 \times 15=$ $125 \times 19=$

$513 \times 11=$ $111 \times 21=$ $150 \times 13=$

$900 \div 30=$ $1000 \div 20=$ $4800 \div 600=$

$5500 \div 55=$	$440 \div 5=$	$500 \div 20=$
$150 \div 25=$	$840 \div 42=$	$350 \div 5=$
$420 \div 6=$	$2800 \div 7=$	$6300 \div 9=$
$2400 \div 3=$	$1800 \div 9=$	$2700 \div 3=$
$4900 \div 7=$	$520 \div 5 \div 104=$	$280 \div 4 \div 7=$
$960 \div 6 \div 8=$	$420 \div 7 \div 6=$	$660 \div 6 \div 2=$
$320 \div 8 \div 4=$	$850 \div 50=$	$320 \div 80=$
$880 \div 44=$	$325 \div 5=$	$312 \div 3=$
$126 \div 21=$	$840 \div 60=$	$960 \div 40=$
$960 \div 30=$	$600 \div 12=$	$620 \div 31=$

$728 \div 91=$　　　　$480 \div (150-70) =$

$(160+140) \div 50=$　　　　$720 \div (55+35) =$

$(270+90) \div 60=$　　　　$470-60 \times 7=$

$520-70 \times 7=$　　　　$120 \times 3 \div 9=$

五、五年级

（一）写出下列各组数的最大公约数。

4 和 12（　　）　5 和 25（　　）　6 和 9（　　）

15 和 75（　　）　124 和 40（　　）　255 和 25（　　）

54 和 18（　　）　121 和 22（　　）　28 和 49（　　）

72 和 18（　　）　256 和 40（　　）　360 和 90（　　）

（二）速算。

$3.4\times0.2=$　　$0.63\div0.21=$

$2.22\div1.11=$　　$50\times7\div35=$

$70\times(120\div4)=$　　$700\div(56+14)=$

$0.35\div0.07=$　　$6.25\div0.05=$

$7.2\div1.2=$　　$0.63\div0.3=$　　$0.34\div0.07=$

$50.04\div8.34=$　　$3.752\div0.536=$　　$1.84\div0.4-2.6=$

$55-8.8\div2.2=$　　$5.55+6.66\div6=$　　$110\div5-45=$

$(3.1+4.5)\div4=$　　$564\times11=$　　$912\times11=$

$703\times11=$　　$6.31\times11=$　　$356\times110=$

$541\times110=$　　$712\times110=$　　$120\times110=$

六、六年级

速算。

$655+103-482=$　　$706-235+318=$

$915+412-560=$　　$953-633+476=$

$800+512-635=$　　$869-654+231=$

6654+216−6032=	9987−6635+603=
8836−660+1356=	9564−8763+412=
6584−6532+2546=	9978−8864+5639=
0.45+0.5+0.05=	0.56+2.1+0.44=
2.45−0.05+2.6=	0.96 ÷ 0.32=
1.6 ÷ 0.4=	0.45 ÷ 0.15=
0.11 × 0.4 × 0=	0.25 ÷ 0.05 × 2=
0.6 ÷ 0.2 × 1.2=	3.62 × 10 ÷ 2=
10.76−4.53−2.77=	9.31−6.32+4.22=
2.2 ÷ 1.1 × 56=	3.1 × 5 ÷ 15.1=
2.3 × 3.7+6.3 × 2.3=	7/4 × 20/21=
72 × 1/8=	2/5 × 15/20=
8/21 × 7/8=	7/81 × 3/7=
44 ÷ 22/9=	28 ÷ 7/8=
144 ÷ 12/13=	7/8+1/2=
6/7 ÷ 3/7=	5/12 ÷ 5/6=
1/4 ÷ 20%=	56 × 20%=
15 × 30%=	45% × 20%=

$50\% \times 30\%=$

$102 \div 20\%=$

$60 \times (1+20\%)=$

$30 \times (1-90\%)=$

$9/15-4/5=$

$82 \div 10\%=$

$30 \times (70\%+30\%)=$

$400 \times 125\%=$

$2.4 \div 6\%=$

$8-(1/9 \times 3/4+11/12)=$